BEI GRIN MACHT SICH IHR WISSEN BEZAHLT

- Wir veröffentlichen Ihre Hausarbeit, Bachelor- und Masterarbeit

- Ihr eigenes eBook und Buch - weltweit in allen wichtigen Shops

- Verdienen Sie an jedem Verkauf

Jetzt bei www.GRIN.com hochladen und kostenlos publizieren

Das 'Museum of genocide and war' in Mostar als Lernort im Rahmen einer Balkanexkursion

Maximilian Witzke

Bibliografische Information der Deutschen Nationalbibliothek:

Die Deutsche Nationalbibliothek verzeichnet diese Publikation in der Deutschen Nationalbibliografie; detaillierte bibliografische Daten sind im Internet über http://dnb.d-nb.de abrufbar.

ISBN: 9783346984838
Dieses Buch ist auch als E-Book erhältlich.

Pädagogische Hochschule Ludwigsburg

Sommersemester 2023

Geographie

Großexkursion Balkan

Exkursionsbericht zum Exkursionsstandort:

Museum of Genocide and War in Mostar

Maximilian Witzke

B.A. Lehramt Sek1

7. Fachsemester

INHALTSVERZEICHNIS

1. Einleitung

Die vorliegende Modulprüfung wurde im Rahmen der Großexkursion Balkan 2023 erstellt. Ziele der Großexkursion sind die Länder Slowenien, Kroatien und Bosnien-Herzegowina. Der vorliegende Exkursionsbericht bezieht sich auf den Exkursionstag in der Stadt Mostar. Während dieses Exkursionstags liegt ein thematischer Schwerpunkt auf Jugoslawienkrieg und dessen Auswirkungen auf Mostar sowie dem Besuch des ‚Museums of Genocide and War‘, weshalb sich die vorliegende Arbeit mit ebendiesen Themen beschäftigt. Der fachwissenschaftliche Teil dieser Arbeit skizziert zunächst den Jugoslawienkrieg in der Stadt Mostar. Daraufhin wird eine kurze Einführung in das Thema ‚Kriegsmuseen‘ gegeben. Im methodisch-didaktische Teil der Arbeit wird vor allem auf das Museum als Lernort eingegangen. Zusätzlich soll die Vor- und Nachbereitung eines Museumsbesuchs thematisiert werden. Abschließend findet eine Begründung der gewählten Exkursionsstruktur statt. Außerdem wird aus den gewonnenen Erkenntnissen ein Fazit gezogen.

2. Hauptteil

<u>2.1 Tagesplanung</u>

Die Tagesplanung des Exkursionstags (Tab. 1) gliedert sich wie folgt: Zunächst wird die circa zweieinhalbstündige Fahrt von Dubrovnik nach Blagaj absolviert. Dort wird dann eine kurze Einführung in die Siedlungsgeschichte Blagajs gegeben. Anschließend findet ein geführter Besuch des dortigen Klosters statt. Im Anschluss daran erfolgt die circa 20-minütige Fahrt von Blagaj nach Mostar. In Mostar wird dann zunächst die Stari Most betrachtet. Dort wird den Exkursionsteilnehmer:innen auch eine Einführung in die Geschichte der Stadt gegeben. Nach einer halbstündigen Mittagspause folgt dann die Vorbereitung für den Besuch des ‚Museums of Genocide and War‘, indem sich die Exkursionsteilnehmer:innen in Einzel- und Gruppenarbeit mithilfe des Readers Grundlagen der Museumspädagogik sowie der Perspektivität und Narrativität von Museen erarbeiten. Anschließend wird das ‚Museum of Genocide and War‘ in Mostar besucht. Dabei erfolgt sowohl eine Führung durch das Museum als auch eine Selbsterkundung des Museums durch die Exkursionsteilnehmer:innen. Daraufhin findet dann im Plenum eine Reflexion des Museumsbesuchs auf Basis der zuvor erarbeiteten Grundlagen statt. Darauffolgend soll von den Exkursionsteilnehmer:innen einen Spurensuche in Kleingruppen durchgeführt werden, die sich mit der ethnischen Zweiteilung der Stadt Mostar beschäftigt und ausgewählte Standorte beinhaltet. Im Anschluss an die Spurensuche werden die Erfahrungen erneut im Plenum reflektiert. Zudem sollen die Exkursionsteilnehmer:innen Fragen für das anschließende Gespräch mit einem Stadtbewohner bezüglich der ethnischen Zweiteilung der Stadt sammeln. Das Gespräch mit dem Stadtbewohner soll nahe der Stari Most stattfinden und eben genanntes Thema behandeln. Dabei steht vor allem die Lebensrealität in der Stadt Mostar im Vordergrund. Abschließend soll der Exkursionstag dann in der Gruppe reflektiert werden. Insgesamt wurde der Exkursionsstandort Mostar zu konzipiert, dass die Geschichte der Stadt chronologisch von der frühen Stadtgeschichte, über das einschneidende Ereignis des Jugoslawienkriegs hin zum heutigen Leben in Mostar behandelt wird. Zu erwähnen ist außerdem, dass die Exkursionsteilnehmer:innen verschiedene Aufgaben zu den einzelnen Teilen des Exkursionstags bearbeiten sollen. Diese Aufgaben befinden sich im Exkursionsreader.

Tab. 1: Tagesplanung des Exkursionstags am 04.10.2023 – Blagaj und Stadt Mostar

Zeit	Inhalte
08.00-10.30	Fahrt nach Blagaj
10.30-10.45	Einführung Stadtgeschichte & Bedeutung
10.45-11.40	Klosterbesuch (mit Führung)
11.40 – 12.00	Fahrt nach Mostar
12-12.30	Stari Most Brücke und Einführung in die Geschichte der Stadt
12.30-13.00	Mittagspause
13.00-13.30	Einführung der Museumspädagogik, Perspektivität, Narrativität
13.30-15.00	Museumsbesuch „War and Genocide" (mit Führung)
15.00-15.30	Reflexion Museumsbesuch
15.30-17.00	Spurensuche auf beiden Seiten der Stadt in Kleingruppen
17.00-17.30	Reflexion und Fragesammlung für Gespräch mit Stadtbewohner:in
17.30-18.30	Gespräch mit Stadtbewohner:in
18.30-19.00	Reflexion und Abschluss

Quelle: Eigene Darstellung.

2.2 Fachwissenschaftlicher Teil

2.2.1 Jugoslawienkrieg in der Stadt Mostar

Der Zerfall Jugoslawiens in seine Teilrepubliken stellte den Auslöser des sogenannten Jugoslawienkriegs dar (vgl. CALIC 2017, S. 22). Nachfolgend soll der Bosnien-Krieg mitsamt den Kämpfen um Mostar im Mittelpunkt der Betrachtung stehen.

Bosnien-Herzegowina entwickelte sich zum „eigentlichen Kriegsschauplatz" (HÖPKEN 2021, S. 19) des Jugoslawienkrieges und vor allem Mostar wurde zu einem besonderen „Zankapfel" (IVANKOVIC; MELCIC 1999, S. 433), da sie sowohl für Serben als auch für Kroaten und Muslime aus verschiedenen Gründen von besonderer Bedeutung war (vgl. SEEBACHER 2004, S. 252). Die Kämpfe und Gefechte in und um Mostar lassen sich in zwei Konflikte gliedern: Den ‚Ersten-Mostar-Krieg' von April 1992 bis ca. Juni 1992 und den ‚Zweiten-Mostar-Krieg' von Mai 1993 bis ca. März 1994 (vgl. ebd., S. 254/256).

Während des ‚Ersten-Mostar-Kriegs' gab es intensive Kämpfe zwischen der serbisch dominierten JNA (Jugoslavenska Narodna Armija) und dem kroatisch-muslimischen Verteidigungsrat (HVO) (vgl. ebd., S. 252-254). Zwar war der ‚Erste-Mostar-Krieg' nur von kurzer Dauer, dennoch hatte er drastische Auswirkungen auf die Stadt und deren Einwohner (vgl. ebd., S. 254). So kam es „nach dem serbischen Großangriff im April 1992 […] zu erbitterten Kämpfen in deren Verlauf die historische Altstadt teilweise in Trümmer gelegt und die alte Brücke […] beschossen und beschädigt wurde" (IVANKOVIC; MELCIC 1999, S. 434). Nach den verheerenden Straßenkämpfen zogen sich die Truppen der JNA aus strategischen Gründen dann im Juni 1992 auf das westlich der Stadt gelegene Velez-Massiv zurück (vgl. SEEBACHER 2004, S. 254.). „Danach, von Sommer 1992 bis Mai 1993, herrschte in Mostar eine relative, jedoch extrem gespannte Ruhe" (ebd.). Zudem wurde das Verhältnis zwischen Muslimen und Kroaten in dieser Zeit zunehmend schlechter (vgl. ebd.).

Der sogenannte ‚Zweite-Mostar-Krieg' brach im Mai 1993 aus und hatte katastrophale Folgen für die Stadt (vgl. ebd., S. 254). Hier kämpften dann auch die ehemals verbündeten Kroaten und Muslime gegeneinander, denn auf die Einberufung eines muslimischen Armeekorpses reagierten die kroatischen Organisationen mit einem Präventivschlag (vgl. ebd., S. 254-255). Daraufhin war die muslimische Bevölkerung Mostars im Ostteil der Stadt zwischen kroatischen Truppen (HVO) im Westen und serbischer Artillerie im Osten eingekesselt (vgl. ebd.). Wieder kam es zu erbitterten Straßenkämpfen (vgl. ebd., S. 255). Im November 1993 wurde letztlich auch das Wahrzeichen der Stadt, die Stari Most, durch gezielte Schüsse des HVO zerstört (vgl. ebd.).

Zunehmend schien eine Teilung der Stadt entlang der Neretva das Ziel der Gefechte zu werden (vgl. ebd., S. 255). Vor allem für die kroatische Seite brachte dies den Vorteil alle Versorgungswege in den Ostteil der Stadt zu kontrollieren (vgl. ebd.). Die muslimischen Einwohner:innen Ostmostars waren deshalb von der Strom-, Wasser, Nahrungs- und medizinischer Versorgung abgeschnitten, während die Stadt weiter unter dauerhaftem Beschluss aus den Bergen stand (vgl. ebd.). Dabei wurden „vor allem die Altstadt und frontnahe Stadtteile […] extrem beschädigt" (ebd.). Im August 1993 wurde die Lage für die im Ostteil Mostars festgesetzten Muslime so prekär, dass sie einen UN-Funktionär festhielten, um auf ihre Situation aufmerksam zu machen (vgl. ebd., 256). Infolgedessen wurde im Februar und März 1994 das ‚Washingtoner Abkommen' geschlossen, welches einen Waffenstillstand zwischen Kroaten und Muslimen vorsah (vgl. ebd.). Daraufhin wurden „schwere Waffen […] abgezogen oder unter UN-Kontrolle gestellt" (ebd.). Die Gefechte in Mostar nahmen dann langsam ab und der ‚Zweite-Mostar-Krieg' ging zu Ende (vgl. ebd.).

Insgesamt hatten die Kriege fatale Folgen für die Stadt und ihre Bewohner:innen. So blieb die Stadt nach dem Krieg zweigeteilt, wobei der Fluss Neretva die Grenze zwischen den beiden Teilen bildete (vgl. ebd., S. 260). Auf der einen Seite lebten die bosnischen Kroaten und auf der anderen Seite die bosnischen Muslime (vgl. ebd.). Außerdem wurde sowohl die demographische Struktur der Stadtbevölkerung als auch die Sozialstruktur durch den Krieg stark verändert (vgl. ebd., S. 262).

2.2.2 Kriege im Museum

In vielen Ländern gibt es sogenannte ‚Militärhistorische Museen', welche sich gezielt mit bestimmten Kriegen auseinandersetzen (vgl. BRAIT 2023, S. 32). Ein Großteil dieser Museen beschäftigt sich sowohl mit den Auslösern von Krieg und Gewalt als auch mit den Folgen für Gesellschaften und Einzelpersonen (vgl. ebd.). Allerdings befinden sich ‚Militärhistorische Museen' oder auch ‚Kriegsmuseen' dabei in einem Spannungsfeld zwischen Kultur und Politik (vgl. THIEMEYER 2010, S. 15). So ist „museale Kriegsdarstellung […] immer ein politischer Akt, weil […] die Ziele der musealen Kriegsdarstellung und die Inhalte der Ausstellungen politisch sind" (ebd.). Politische Ziele von Kriegsausstellungen können dabei u.a. Friedenserziehung, Tourismus, Traditionspflege oder die Einspeisung der Geschehnisse in das kollektive Gedächtnis sein (vgl. ebd., S. 19). Ebenso sind Museen aber auch Teil dieses kollektiven Gedächtnisses (vgl. ebd., S. 15), da sie „Erinnerungen über die Lebensdauer der Erlebnisgeneration hinaus aufbewahren" (ebd., S. 16.).

Im Allgemeinen kommen Museen fünf wesentliche Aufgaben zu: das Sammeln, das Bewahren, das Forschen, das Ausstellen und das Vermitteln (vgl. BRAIT 2023, S. 17-31). Allerdings machen Museen nur einen kleinen Teil der gesammelten und bewahrten Objekte für die Öffentlichkeit zugänglich (vgl. THIEMEYER 2010, S. 16-17). So sind „museale Ausstellungen […] speziell arrangierte Orte […], deren Ausstellungsinhalte (Exponate) selektiert […] und inszeniert werden" (BRILL 2019, S. 72), wodurch Museen eine bestimmte Geschichte erzählen (vgl. HEESE 2014, S. 16). „Die Sicht auf […] die Geschichte folgt dabei immer einer bestimmten Perspektive" (HOOPER-GREENHILL 2000, zitiert nach THIEMEYER 2010, S. 17). Dies begründet sich durch den Konstruktcharakter und die Perspektivität von Geschichte.

Der Begriff ‚Konstruktcharakter' bezeichnet „die unhintergehbare Notwendigkeit, dass Geschichte immer von jemandem hergestellt wird, dass also auf Überlieferung beruhende Einzelheiten […] aktiv zu einem stimmigen narrativen Zusammenhang gefügt werden" (TRAUTWEIN; BERTRAM; VON BORRIES et al. 2017, S. 16). Perspektivität meint „die Standortgebundenheit sowohl des Geschichtsdenkenden, also auch der Urheberin und des Urhebers von Quellen und der Rezipientin und des Rezipienten historischer Narration […]" (ebd., S. 15.). Wie sich ein Krieg im Museum darstellt, ist demnach abhängig davon, wie er erzählt und narrativ geformt wird (vgl. THIEMEYER 2010, S. 220).

Zu erwähnen ist außerdem die emotionale Inszenierung des Krieges in Museen (vgl. ebd., S. 236). Vergangene Gefühle sind nicht nachempfindbar (vgl. ebd., S. 237), dennoch erzeugen sie bei Museumsbesucher:innen eine wahrgenommene Authentizität (vgl. ebd., S. 240), weshalb „der Schock als Erkenntnis- bzw Wahrnehmungsstrategie […] wichtiges Element einer musealisierten Kriegsgeschichte [ist], die dem Besucher ein Erlebnis oder eine Erfahrung verspricht" (ebd., S. 241). Jedoch „ist die emotionale Aufrüstung der Geschichtsvermittlung riskant" (ebd., S. 240). „Denn werden Emotionen absolut gesetzt, dann zerstören sie die historische Erkenntnis durch Überbewertung emotional ansprechender Einzelaspekte und Außerachtlassung der größeren, strukturellen, emotional eben nicht zu fassenden Prozesse und Zusammenhänge der Geschichte" (MÜTTER; UFFELMANN 1992, S. 379).

2.3 Fachdidaktischer Teil

2.3.1 Lernort Museum

Spätestens seit den 1990er Jahren haben sich Museen zu Lernorten entwickelt (vgl. WEIß 2016, S. 91). Der Mehrwert des Lernorts Museum liegt dabei in der Auseinandersetzung mit Originalen, der andersartigen Lernumgebung und der Ausbildung einer Museumskompetenz (vgl. RUPPRECHT 2016, S. 268ff.). Als Museumskompetenz wird dabei die Fähigkeit eines sinnstiftenden und kritischen Umgangs mit Museen und deren Exponaten verstanden (vgl. BRILL 2019, S. 72). Historische Museen, wie das ‚Museum of Genocide and War' in Mostar, können zudem als Ort der „Verbindung von politischer, kultureller und historischer Bildung" (MERGEN 2019, S. 41) angesehen werden. Ebenso können sie Verknüpfungen zwischen einzelnen Fachdisziplinen herstellen (vgl. SIEMER 2008, S. 242). Nachfolgend soll nur auf die wichtigsten fachspezifischen Kompetenzen der einzelnen Disziplinen eingegangen werden, da der Umfang der vorliegenden Arbeit begrenzt ist.

Als Orte historischer Bildung können Museen die museumsbezogenen historischen Kompetenzen der ‚historischen Sachkompetenz‘, ‚historischen Fragekompetenz‘, der ‚historischen Methodenkompetenz‘ und der ‚historischen Orientierungskompetenz‘ vermitteln (vgl. KÖRBER 2009, S. 65-71). Der Terminus der ‚historischen Sachkompetenz‘ bezeichnet „die Verfügung über Konzepte, Begriffe und Kategorien, mit denen die Gesellschaft agiert, wenn sie ihre Vergangenheit [...] musealisiert und ausstellt, und die Verfügung über Strukturierungskonzepte“ (ebd., S. 65.). Die ‚historische Fragekompetenz‘ „ist einmal die Kernkompetenz, *eigene historische Fragen zu stellen* [Hervorhebung im Original] [...], zum anderen die Fähigkeit, Fertigkeit und Bereitschaft, die *Fragestellungen, die in vorliegenden historischen Narrationen verfolgt wurden, zu erkennen und zu verstehen* [Hervorhebung im Original]“ (SCHREIBER 2008, S. 204). Im Kontext der vorgefertigten Narration einer musealen Ausstellung geht es dabei vor allem darum, eigene Fragen zu entwickeln mit denen das Dargebotene erschlossen werden kann (vgl. KÖRBER 2009, S. 69). Die ‚historische Methodenkompetenz‘ bezeichnet vorrangig die Fähigkeit der De- und Rekonstruktion (vgl. ebd., S. 70). Dies ist im musealen Kontext äußerst relevant, wenn es sich bei den Ausstellungen und ergänzenden Angeboten, wie z.B. Führungen, um in der Gegenwart erstellte Deutungen der Vergangenheit auf Basis der Exponate handelt (vgl. ebd.). ‚Historische Orientierungskompetenz‘ meint das Vermögen und den Willen, die durch die Auseinandersetzung mit Geschichte gewonnenen Erkenntnisse und Erfahrungen auf die eigene Person, das soziale Umfeld und die Gegenwart zu beziehen (vgl. ebd., S. 71).

Im Fach Geographie können Museumsbesuche z.B. im Rahmen der ‚regionalen Geographie‘ die Auseinandersetzung mit verschiedenen Aktionsräumen ermöglichen (vgl. RINSCHEDE, SIEGMUND 2022, S. 235). Von exkursionsdidaktischer Relevanz sind dabei vor allem das Kontroversitätsprinzip und die Vielperspektivität. Das Kontroversitätsprinzip geographischer und politischer Bildungsprozesse besagt, dass ein Großteil der anthropogeographischen und regionalgeographischen Themen von verschiedensten Sichtweisen und Interpretationen geprägt sind, welche sich aus den Interessen der Akteure ergeben (vgl. OHL; NEEB 2012, S. 276-277). „Nur durch die Auseinandersetzung mit den Perspektiven und Bedürfnissen verschiedener Akteure wird [...] eine solide Basis für die individuelle Meinungsbildungsprozesse [...] geschaffen“ (ebd., S. 277). An dieser Stelle setzt auch das Prinzip der Vielperspektivität bzw.

Multiperspektivität an. „Hierbei vollziehen die Schüler einen empathischen Perspektivenwechsel, bei dem sie die Situation, Sichtweisen, Interessen und Bedürfnisse anderer kennenlernen und sich in diese hineindenken" (ebd., S. 279). Durch diesen Perspektivenwechsel können vor Ort wichtige Lernimpulse gesetzt werden (vgl. ebd.).

Insgesamt bieten Museen multiple Ausgangspunkte für die historische und die politische Bildung (MERGEN 2019, S. 42). Außerdem, so hat sich gezeigt, können Museumsbesuche auch für die Geographie einen Mehrwert aufweisen. Des Weiteren können Museumsbesuche eine motivierende Wirkung haben (vgl. GEBHARDT 2009, S. 8). Nicht zu vernachlässigen sind bei einem Museumsbesuch ebenfalls sowohl die Vor- als auch die Nachbereitung (vgl. ebd., S. 54), weshalb im nachfolgenden Kapitel kurz darauf eingegangen werden soll.

2.3.2 Vor- und Nachbereitung eines Museumsbesuchs

Ohne Vor- und Nachbereitung bleibt ein Museumsbesuch nur eine „nette, aber folgenlose Abwechslung zum herkömmlichen Unterricht" (MARX 2012, S. 119). Deshalb wird schon seit den 1980er-Jahren gefordert, dass der Besuch eines jeden außerschulischen Lernorts im Dreischritt Vorbereitung, Durchführung und Nachbereitung geschehen sollte (vgl. BURK; CLAUSSEN 1981, S. 26).

Eine gewissenhafte Vorbereitung des Museumsbesuchs wird als essenziell angesehen, da festgestellt wurde, dass ein größerer Wissenszuwachs durch Museumsbesuche erzielt wird, wenn der Kenntnisstand zum Thema der Ausstellung hoch ist (vgl. GEBHARDT 2009, S. 52-53). Die Vorbereitung ist also maßgeblich für den Lernerfolg (vgl. ebd., S. 53). Sie kann dabei auf verschiedenste Arten erfolgen, z.B. in Form von Diskussionen, Leseaufgaben oder Quellenarbeit (vgl. BRAIT 2023, S. 49). Durch eine gründliche Nachbereitung des Museumsbesuchs kann eine nachhaltige und langfristige Sicherung des Lernzuwachses erreicht werden (vgl. STAATSINSTITUT FÜR SCHULPÄDAGOGIK 1999, S. 213). So können die neu gewonnenen Erkenntnisse z.B. durch den gemeinsamen Austausch während der Nachbereitung gefestigt werden (vgl. THEYSSEN 2020, S. 25). Zudem kann eine Nachbereitung zur weiteren Vertiefung des Themas genutzt werden (vgl. ebd., S. 31).

Insgesamt zeigt sich, dass eine Vorbereitung wichtig ist, da so „beim Lernen im Museum auf bereits bestehendes Wissen" (ebd., S. 37) aufgebaut werden kann. Die Nachbereitung sollte nicht ausgelassen werden, da die gewonnenen Erkenntnisse sonst „nicht ausreichend reflektiert und für andere Sachverhalte anwendbar gemacht werden" (ebd.) können.

<u>2.4 Begründung der Exkursionsstruktur</u>

Bei der Planung einer Exkursion ist „zunächst die Dramaturgie des groben Ablaufs [...] zu gestalten" (MEYER 2019, S. 55). Im Fall des Exkursionstags ‚Blagaj und Mostar' wird die Dramaturgie vorrangig von der historischen Chronologie bestimmt. Der erste Standort des Exkursionstags, nämlich Blagaj, existiert seit ca. 1000 n.Chr. (vgl. SEEBACHER 2004, S. 250). An diesem Standort steht vornehmlich die traditionelle bosnische Lebensweise im Zentrum der Betrachtung. Im weiteren Verlauf des Exkursionstags geht es in das 1474/75 erstmals erwähnte Mostar (vgl. ebd.). In Mostar wird die Stadtgeschichte Mostars mit Schwerpunkt auf den Jugoslawienkrieg sowie die darauffolgende ethnische Zweiteilung der Stadt behandelt. Insgesamt wird also ein historisch chronologischer Überblick über die Region mit ausgewählten thematischen Schwerpunkten gegeben.

Im Anschluss an die grobe Tagesplanung sollte dann die genaue Standortkonzeption erfolgen, welche sich am Erwerb fachlicher und/oder sozialer Kompetenzen orientieren sollte (vgl. MEYER 2019, S. 55). Da sich die vorliegende Arbeit mit dem Exkursionsstandort ‚Museum of genocide and war' sowie dessen Vor- und Nachbereitung beschäftigt, soll sich die didaktische Begründung der Standortkonzeption auch auf diese Inhalte des Exkursionstags beschränken.

Wie bereits beschrieben wurde, sind Vor- und Nachbereitung eines Museumsbesuchs wichtig (vgl. Gebhardt 2009, S. 54). Im Fall des Exkursionsstandorts ‚Museum of genocide and war' gliedert sich die Vorbereitung in zwei Teile. Der erste Teil ist die ‚Einführung in die Stadtgeschichte', welche an der Stari Most erfolgt. Hier liegt ein wesentlicher Schwerpunkt auf dem Jugoslawienkrieg in der Stadt Mostar, was die fachliche Vorbereitung des Themas darstellt. So soll der Kenntnisstand der Teilnehmer:innen zum Thema verbessert werden, was wiederum einen positiven Einfluss auf den Lernerfolg im Museum hat (vgl. ebd., S. 53). Bevor der zweite Teil der Vorbereitung des Museumsbesuchs stattfindet, gibt es eine Mittagspause. Pausen sind während einer Exkursion zwingend notwendig, da eine zu straffe Zeitplanung und die Nicht-Beachtung von Bedürfnissen zu negativen Dynamiken führen kann (vgl. MEYER 2019, S. 55). Nach der Mittagspause gibt es dann eine Einführung in die Museumspädagogik, Perspektivität und Narrativität, was in Form einer Einzel- und Gruppenarbeit mit Hilfe von

Fachliteratur geschieht. Diese Einführung „ist eine zentrale Voraussetzung für eine De-Konstruktion der Museumsnarration und sollte daher im Vorfeld eines Museumsbesuchs erfolgen" (BRAIT 2023, S. 50). Die Exkursionsteilnehmer:innen sollen so die nötigen Kenntnisse für einen Museumsgang erlernen, was der „Ausbildung einer Museumskompetenz" entspricht (HEESE 2014, S. 13).

Der circa eineinhalbstündige Museumsbesuch selbst, gliedert sich ebenfalls in zwei Teile. In den ersten 45 Minuten erhält die Exkursionsgruppe eine Führung durch die Ausstellung. Dieser Teil des Museumsbesuchs kann als kognitivistische Überblicksexkursion klassifiziert werden, da sich dieser Teil durch einen geleiteten und rezeptiven Erwerb kognitiver Inhalte auszeichnet (vgl. OHL; NEEB 2012, S. 261). Allerdings ist dies notwendig, da es „bei einem unangeleiteten Rundgang [...] zumeist an der Fähigkeit zur Aneignung des Informationsangebots" (STAATSINSTITUT FÜR SCHULPÄDAGOGIK 1999, S. 213) mangelt. Im zweiten Teil des Museumsbesuchs können die Teilnehmenden das Museum selbst erkunden. Dabei sollen sie Aufgaben, die das Thema der De-Konstruktion des Museumsnarrativs (inkl. Emotionalisierung, Inszenierung und Perspektivität) behandeln, bearbeiten. So „soll der Erkundungsdrang [...] genützt und in bestimmte Bahnen gelenkt werden" (ebd., S. 218). Dieser Teil des Museumsbesuchs kann als kognitivistische Arbeitsexkursion eingeordnet werden, da es sich um eine selbstständige Auseinandersetzung mit feststehenden Lerninhalten handelt (vgl. OHL; NEEB 2012, S. 261).

Die Nachbereitung des Museumsbesuchs findet anschließend in Form einer Reflexion im Gruppengespräch statt, da vor allem kommunikative Formen nach einem Museumsbesuch wirksam für die Festigung des Gelernten sind (vgl. TREINEN 1994, S. 36). Während der Reflexion „ist nicht nur eine kritische Analyse besuchter Ausstellungen [...] sinnvoll, sondern auch eine vertiefende Arbeit mit einzelnen Objekten [...]" (BRAIT 2023, S. 50). Die Reflexion soll dabei auf Basis der im Museum bearbeiteten Aufgaben erfolgen. Durch die Nachbereitung soll abschließend „eine längerfristige Sicherung des Wissenszuwachses [...] erreicht werden" (STAATSINSTITUT FÜR SCHULPÄDAGOGIK 1999, S. 213).

Insgesamt soll der Exkursionsstandort des ‚Museum of Genocide and War', wie bereits beschrieben, die ‚historische Sachkompetenz', die ‚historische Fragekompetenz', die ‚historische Methodenkompetenz' und die ‚historische Orientierungskompetenz' fördern (vgl. KÖRBER 2009, S. 65-71). Gleichzeitig werden dabei die geographiedidaktischen Prinzipien der Kontroversität und der Vielperspektivität bedient (vgl. OHL; NEEB 2012, S. 276-279). Zusätzlich wird auch eine „wichtige ästhetische Kompetenz" (HEESE 2014, S. 18) vermittelt. Diese ästhetische Kompetenz wird „durch die räumliche Wahrnehmung, einerseits im Blick auf die dreidimensionalen Gegenstände, andererseits durch die eigenen Bewegungen [...] im Raum" (HEESE 2014, S. 15) erreicht. Dies ist mit zweidimensionalen Bildern nicht zu erreichen (vgl. ebd.), was einen deutlichen Mehrwert des Museumsbesuchs darstellt. Ebenso verhält es sich außerdem mit der „Aura des Originals" (ebd.), welche durch einen Museumsbesuch spürbar gemacht werden kann.

3. Fazit

Abschließend soll aus den erarbeiteten Inhalten der vorliegenden Arbeit ein kurzes Fazit gezogen werden. Zunächst einmal hat sich gezeigt, dass der Jugoslawienkrieg starken Einfluss auf die Stadt Mostar hatte. Aufgrund dessen ist es durchaus notwendig, sich während eines Exkursionstags in Mostar diesem Thema zu widmen. Des Weiteren stellte sich heraus, dass das Museum als Lernort großes Potenzial besitzt und eine Vielzahl von Kompetenzen durch einen Museumsbesuch erworben bzw. gefördert werden können. Jedoch hat sich auch gezeigt, dass Museen und vor allem Kriegsmuseen im Hinblick auf ihr Narrativ sowie auf Inszenierungs- und Emotionalisierungsmethoden untersucht und kritisch betrachtet werden müssen. Gleichzeitig bietet dies aber auch Möglichkeiten eines spezifischen Kompetenzerwerbs. Außerdem kann der Lernerfolg bei einem Museumsbesuch durch gezielte Vor- und Nachbereitung optimiert werden.

Auf die konkrete Planung des Exkursionsstandorts bezogen denke ich, dass die Konzeption des Standorts logisch und zielgerichtet ist. Spannend wird sein zu beobachten, inwieweit sich der Exkursionstags auch in der Durchführung gestaltet. Ich persönlich gehe davon aus, dass die Umsetzung des Geplanten funktionieren wird und dass die Exkursionsteilnehmer:innen einen Lernerfolg verzeichnen werden. Gerade im Hinblick darauf, dass es sich bei der Exkursionsgruppe um angehende Lehrer:innen handelt, erachte ich eine De-Konstruktionskompetenz von Museumsnarrativen für äußerst wichtig, vor allem wenn die Exkursionsteilnehmenden später als Lehrpersonen mit einer Schulklasse Museen besuchen. Daher denke ich, dass der Exkursionsstandort für die Teilnehmenden einen langfristigen Mehrwert bieten kann.

Literaturverzeichnis

BRAIT, Andrea (2023): Historisches Lernen im und über das Museum. Frankfurt a. M.: Wochenschau.

BURK, Karlheinz; Claussen, Claus (1981): Zur Methodik des Lernens außerhalb des Klassenzimmers. In: Ders.; ders. (Hrsg.): Lernorte außerhalb des Klassenzimmers II. Methoden – Praxisberichte – Hintergründe. Frankfurt a. M.: Arbeitskreis Grundschule. S. 18-41.

BRILL, Swaantje (2019): Museen als außerschulische Lernorte: Eine Annäherung an die Perspektiven von Kindern. In: GDSU-Journal, Juni 2019, H. 9, S. 71-81. https://gdsu.de/sites/default/files/uploads/2019/07/GDSU_Journal_9web.pdf (zuletzt eingesehen am 15.09.2023)

CALIC, Marie-Janine (2017): Kleine Geschichte Jugoslawiens. In: Aus Politik und Zeitgeschichte (APuZ), 67. Jg., H. 40-41/2017, S. 16-23. https://www.bpb.de/system/files/dokument_pdf/APuZ_2017-40-41_online.pdf (zuletzt eingesehen am 15.09.2023)

GEBHARDT, Martin (2009): Schule und Museum. Theorie und Praxis. Saarbrücken: VBM.

HEESE, Thorsten (2014): Außerschulische Lernorte im Geschichtsunterricht: Das Museum. In: Kuhn, Bärbel; Popp, Susanne; Schumann, Jutta et al. (Hrsg.): Geschichte erfahren im Museum. St. Ingbert: Röhrig. S. 13-22.

HÖPKEN, Wolfgang (2021): Eine europäische Tragödie. In: Frieden – Zeitschrift des Volksbundes Deutsche Kriegsgräberfürsorge e.V., 02/2021, S. 18-22. https://www.volksbund.de/fileadmin/redaktion_BG/Mediathek/Mitgliederzeitschrift/Frieden2_2021-Internet.pdf (zuletzt eingesehen am 15.09.2023)

IVANKOVIC, Zeljko; MELCIC, Dunja (1999): Der bosniakisch-kroatische „Krieg im Kriege". In: Dies. (Hrsg.): Der Jugoslawien-Krieg. Opladen/ Wiesbaden: Westdeutscher Verlag. S. 423-445.

KÖRBER, Andreas (2009): Kompetenzorientiertes historisches Lernen im Museum? In: Popp, Susanne; Schönemann, Bernd (Hrsg.): Historische Kompetenzen und Museen. Idstein: Schulz-Kirchner. S. 62-80.

Marx, Carola (2012): Anstiftung zum Lernen durch Museumsbesuche? In: Straupe, Gisela (Hrsg.): Das Museum als Lern- und Erfahrungsraum. Grundlagen und Praxisbeispiele. Wien: Böhlau. S. 117-119.

MERGEN, Simone (2019): Wie gehen Politische und Kulturelle Bildung zusammen? In: Standbein Spielbein, 2019, H. 111, S. 39-41. https://www.museumspaedagogik.org/fileadmin/Data/Dokumente/StbSpb_111_UA.pdf (zuletzt eingesehen am 15.09.2023)

MEYER, Frank (2019): Nach draußen zum Lernen. In: DUZ Magazin, 11/2019, S. 52-55. https://www.wissenschaftsmanagement-online.de/system/files/downloads-wimoarticle/M1119_LehrformatExkursionen_Meyer_0.pdf (zuletzt eingesehen am 15.09.2023)

MÜTTER, Bernd; UFFELMANN, Uwe (1992): Die Emotionsproblematik in der Geschichtsdidaktik. Tagungsfazit und Perspektiven. In: Ders.; ders. (Hrsg.): Emotionen und historisches Lernen. Forschung – Vermittlung – Rezeption. Frankfurt a.M.: Diesterweg. S. 367-388.

OHL, Ulrike; NEEB, Kerstin (2012): Exkursionsdidaktik: Methodenvielfalt im Spektrum von Kognitivismus und Konstruktivismus. In: Haversath, Johann-Bernhard (Mod.): Geographiedidaktik: Theorie, Themen, Forschung. Braunschweig: Bildungshaus. S. 259-288.

RINSCHEDE, Gisbert; SIEGMUND, Alexander (2022): Geographiedidaktik. 5. Auflage. Paderborn: Brill Schöningh.

RUPPRECHT, Carola (2016): Schule und Museum. In: Commandeur, Beatrix; Kunz-Ott, Hannelore; Schad, Karin (Hrsg.): Handbuch Museumspädagogik: kulturelle Bildung in Museen. München: kopaed. S. 267-273.

SCHREIBER, Waltraud (2008): Ein Kompetenz-Strukturmodell historischen Denkens. In: Zeitschrift für Pädagogik, Jg. 54, H. 2, S. 198-212. https://www.pedocs.de/volltexte/2011/4345/pdf/ZfPaed_2008_2_Schreiber_KompetenzStrukt urmodell_D_A.pdf (zuletzt eingesehen am 15.09.2023)

SEEBACHER, Andreas (2004): Wiederbeschaffung von Wohnraum im Rahmen humanitärer Hilfe nach Kriegen - Modellhafte Strategien und der Fall Mostar. Dissertation, Universität Stuttgart. https://elib.uni-stuttgart.de/handle/11682/42 (zuletzt eingesehen am 15.09.2023)

SIEMER, Joanna (2008): Außerschulische Unterrichtsformen. Museumsbesuche. In: Drumm, Julia; Frölich, Roland (Hrsg.): Innovative Methoden für den Lateinunterricht. Göttingen: Vandenhoeck & Ruprecht. S. 240-267.

STAATSINSTITUT FÜR SCHULPÄDAGOGIK UND BILDUNGSFORSCHUNG MÜNCHEN (Hrsg.) (1999): Geschichte vor Ort: Anregungen für den Unterricht an außerschulischen Lernorten. Handreichung für Geschichtsunterricht am Gymnasium. Donauwörth: Auer.

THEYSSEN, Annika (2020): Das Museum als außerschulischer Lernort – Museumspädagogische Angebote im Kunstmuseum als Erweiterung formaler Bildung. Merseburg: Hochschule Merseburg. https://opendata.uni-halle.de/bitstream/1981185920/34883/1/TheyssenAnnika_Das-Museum_als_außerschulischer_Lernort.pdf (zuletzt eingesehen am 15.09.2023).

THIEMEYER, Thomas (2010): Fortsetzung des Krieges mit anderen Mitteln. Die beiden Weltkriege im Museum. Paderborn: Schöningh.

TRAUTWEIN, Ulrich; BERTRAM, Christiane; VON BORRIES, Bodo et al. (2017): Kompetenzen historischen Denkens erfassen. Konzeption, Operationalisierung und Befunde des Projekts „Historical Thinking – Competencies in History" (HiTCH). Münster/ New York: Waxmann.

TREINEN, Heiner (1994): Ist Geschichte in Museen lehrbar? In: Aus Politik und Zeitgeschichte (APuZ), 1994, 44. Jg., Band 23, S. 31-38.

WEIß, Gisela (2016): Museumspädagogik in der Bundesrepublik Deutschland – Bildungs- und Vermittlungsarbeit seit 1990. In: Commandeur, Beatrix; Kunz-Ott, Hannelore; Schad, Karin (Hrsg.): Handbuch Museumspädagogik: kulturelle Bildung in Museen. München: kopaed. S. 84-98.